BEI GRIN MACHT SICH IHR WISSEN BEZAHLT

AF149250

- Wir veröffentlichen Ihre Hausarbeit, Bachelor- und Masterarbeit

- Ihr eigenes eBook und Buch - weltweit in allen wichtigen Shops

- Verdienen Sie an jedem Verkauf

Jetzt bei www.GRIN.com hochladen und kostenlos publizieren

Daniel Grenzmann

Kryotherapie und Hypothermie

Anwendungsgebiete, Kryochirurgie, Kältekammer

GRIN Verlag

Bibliografische Information der Deutschen Nationalbibliothek:

Die Deutsche Bibliothek verzeichnet diese Publikation in der Deutschen National-
bibliografie; detaillierte bibliografische Daten sind im Internet über http://dnb.d-
nb.de/ abrufbar.

Impressum:

Copyright © 2008 GRIN Verlag GmbH
Druck und Bindung: Books on Demand GmbH, Norderstedt Germany
ISBN: 978-3-640-73063-6

Dieses Buch bei GRIN:

http://www.grin.com/de/e-book/160059/kryotherapie-und-hypothermie

GRIN - Your knowledge has value

Der GRIN Verlag publiziert seit 1998 wissenschaftliche Arbeiten von Studenten, Hochschullehrern und anderen Akademikern als eBook und gedrucktes Buch. Die Verlagswebsite www.grin.com ist die ideale Plattform zur Veröffentlichung von Hausarbeiten, Abschlussarbeiten, wissenschaftlichen Aufsätzen, Dissertationen und Fachbüchern.

Besuchen Sie uns im Internet:

http://www.grin.com/

http://www.facebook.com/grincom

http://www.twitter.com/grin_com

Universität der Bundeswehr Hamburg/
Helmut-Schmidt Universität
Fakultät für Geistes- und Sozialwissenschaften

Thema: Kryotherapie und Hypothermie

-   Anwendungsgebiete, Kryochirurgie, Kältekammer

Seminar: Medizintechnik (ISA 00330),

3.Trimester, Studentenjahrgang 2007

Daniel Grenzmann

30.06.2008

Gliederung:

1. Einleitung

Diese Arbeit thematisiert die ‚Kryotherapie', den gezielten Einsatz von Kälte um therapeutisch sinnvolle Effekte zu erzielen. Im nachfolgenden Abschnitt (Kapitel 2) werden die Begriffe ‚Hypothermie', ‚Kryotherapie', ‚Kryochirurgie', sowie einige weitere Fachbegriffe erläutert. Daran knüpft das Kapitel 3 mit einem Abriss über die Geschichte der Kältetherapie an. Darauf aufbauend werden die Grundlagen der physikalischen Therapie im vierten Kapitel dargestellt. In Kapitel 5 werden gängige Techniken und Anwendungsgebiete der Kältetherapie dargestellt und erläutert. Kapitel 6 stellt dar, welche Möglichkeiten der Chirurgie durch die Kryotherapie eröffnet werden. Dargestellt werden sowohl die prä- als auch postoperative Kryotherapie, sowie die Kryochirurgie, die sich erst in jüngster Zeit herausgebildet hat. Der siebente Abschnitt fasst die wichtigsten Arbeitsergebnisse zusammen.

2. Definitorische Grundlagen

Im Folgenden wird zunächst die ‚Hypothermie' erläutert. Der Zustand der ‚Hypothermie' ist Grundlage für die ‚Kryotherapie', da sich diese gezielt und punktuell einzelner Effekte der Hypothermie bedient.

2.1   Hypothermie

„Hypothermie ist ein Abfall der Körpertemperatur unter 37°C. Je nach Tiefe der Kerntemperatur lassen sich Hypothermiegrade unterscheiden: Leichte Hypothermie bis 32°C, mäßige Hypothermie bis 29°C und tiefe Hypothermie bis 20°C und tiefer" (siehe www.aundio.de). Je nach erreichtem Hypothermiegrad variiert der Bewusstseinsgrad (von „klar/schläfrig" bei einer leichten Hypothermie bis „bewusstlos" bei einer tiefen Hypothermie), die Ansprechbarkeit (von „gut" bei einer leichten Hypothermie bis „keine" bei einer tiefen Hypothermie) und der Reflexstatus (von „sehr hoch" bis „nicht vorhanden"), um einige wenige Faktoren zu nennen. Daneben kommt es auch zu Veränderungen bei der Herzfrequenz, beim EKG, beim systolischen und diastolischen Druck, sowie bei der Atemfrequenz (vgl. www.aundio.de).

Unter Hypothermie ist allgemein der Zustand der Unterkühlung zu verstehen. Er tritt dann auf, wenn die Wärmeabgabe des Körpers größer ist als die Wärmeproduktion. Auftretende Symptome sind Zyanose (kalte blasse Haut, Blauverfärbung von Lippe etc.), Muskel- und Kältezittern, vertiefte und schnelle Atmung oder ein beschleunigter Puls (vgl. Schröder 1995, S. 24f).

2.2   Kryotherapie

Für die vorliegende Arbeit soll für den Begriff Kryotherapie folgende Definition zugrunde gelegt werden: „Unter Kryotherapie versteht man medizinische Behandlungsverfahren, die auf dem Einsatz von Kälte unter 0°C basieren" (siehe www.flexikon.doccheck.com). Unter dem Begriff ‚Kryotherapie' werden zwei Formen von Behandlungsverfahren zusammengefasst: Zum Einen die Ganzkörper-Kältetherapie mit Kälteexposition des gesamten Organismus (z.B. Kaltgas-Therapie) und zum anderen die lokale Anwendung sehr tiefer Temperaturen zur gezielten Vereisung von Gewebe (vgl. www.flexikon.doccheck.com).

Die Kryotherapie ist eine physikalische Therapie, die sich durch den gezielten Einsatz von Kälte auszeichnet. Andere physikalische Therapien sind die Hydrotherapie, die Thermotherapie, elektrophysikalische Behandlungen, Krankengymnastik oder Massagen. Die Kryotherapie arbeitet mit thermischen Reizen. Kältereize werden gezielt gesetzt um eine bestimmte Reizantwort zu provozieren. Diese sollen dabei so zur Anwendung kommen, dass die natürlichen körpereigenen Abwehrmechanismen angeregt bzw. normalisiert werden. Dabei ist die Reizstärke von besonderer Bedeutung, da zu starke oder schwache Dosierungen kontraproduktiv wirken können (vgl. Schröder 1995, S.7ff).

Der Begriff ‚Kältetherapie' wird synonym für ‚Kryotherapie' verwendet.

2.3   Kryochirurgie:

‚Kryochirurgie' ist die „[...] medizinische Anwendung extrem tiefer Temperaturen zur operativen Gewebedurchtrennung oder –zerstörung; [...]" (siehe Zwahr 2003, S. 4057).

2.4   Weitere Begriffe:

Embolie:

> „Plötzlicher Blutgefäßverschluss durch einen in die Blutbahn geratenen, mit dem Blutstrom verschleppten körpereigenen oder körperfremden Stoff (Embolus) und die dadurch bedingten [...] Folgezustände" (siehe Zwahr 2003, S. 1759).

Hämatom (Bluterguss):

> „Austritt von Blut aus den Blutgefäßen in das Bindegewebe, unter die Haut, in Muskeln oder Gelenke" (siehe Zwahr 2003, S. 781).

Hypoxie(schaden):

> „Sauerstoffmangel in den Körpergeweben, zu dem es besonders bei örtlicher Durchblutungsstörung oder infolge verminderten Sauerstoffgehalts Im Blut (Hypoxämie) kommt" (siehe Zwahr 2003, S. 3191).

Ödem:

„[...] besonders in Haut und Unterhaut eindrückbare, schmerzlose, diffuse

Schwellung infolge krankhaft gesteigerter wässriger Flüssigkeitsansammlung

In den Gewebespalten [...]" (siehe Zwahr 2003, S. 5321).

Thrombose:

„Durch Bildung eines Blutgerinnsels bedingter teilweiser oder vollständiger

Verschluss von Blutgefäßen (Arterien oder Venen) sowie der Herzhöhlen mit

Behinderung des Blutstroms" (siehe Zwahr 2003, S. 7529).

Zyanose (Blausucht):

„Blaurote Färbung von Haut und Schleimhäuten infolge

verminderter Sauerstoffsättigung des Kapillarblutes [...]" (siehe Zwahr 2003,

S. 763).

3. Geschichte der Kältetherapie

Die Zuhilfenahme von Kälte bei der Behandlung frischer Verletzungen wurde bereits vor mehr als 2000 Jahren betrieben. Deshalb ist die Kältetherapie als solche nicht als grundlegend neue Behandlungsmethode zu sehen. Das Prinzip der Kühlung zur Unterstützung einer Behandlung und Regeneration war schon vor vielen Jahrhunderten bekannt und fand rege Anwendung. Bereits Hippokrates empfahl die Verwendung von kaltem Wasser und Umschlägen mit kaltem Mehlbrei. Ähnlich der heutigen Verfahrensweise gingen Eis- und Schneeanwendungen oftmals Operationen voraus. Ebenso erfolgte in der Regel eine Hochlagerung verletzter Extremitäten in Verbindung mit Kühlung und Kompression. Der persische Arzt Avicenna (980 – 1070) machte sich ebenfalls die anästhesierende Wirkung von Kälte zunutze, indem er Schnee und Eiswasser verwendete. Einige Jahrhunderte später verwendete der Chirurg Marco Aurelio Severino (1580 – 1656) mit Schnee gefüllte Behälter zur Unterkühlung der Haut vor Operationsbeginn (vgl. Schröder 1995, S. 3). Der Chirurg Napoleon Bonapartes, Dominique Jean Larrey (1766 – 1862), bemerkte, dass er auf dem Schlachtfeld bei Temperaturen von – 19°C Celsius schmerzfreie Amputationen an fast erfrorenen Soldaten durchführen konnte. Das erste halbgeschlossene Kühlsystem wurde von dem Briten James Arnott 1847 entwickelt. Dieses ermöglichte eine gleichmäßige und kontinuierliche Kühlung zur Behandlung von Entzündungen und zur lokalen Kühlung vor Operationen. Dazu wurde ein Behälter verwendet mit einem Gemisch aus Eis, Wasser und Salz, sowie eine Schweineblase, die als Kühlkissen fungierte. Das Eiswasser floss über einen Schlauch in die Blase um unterschiedlichste Körperstellen zu kühlen. Nach Erwärmung konnte es durch einen anderen Schlauch abfließen. Durch die gleichzeitige Kompression konnte diese Wirkung noch verstärkt werden (vgl. Schröder 1995, S. 3). Zu dieser Zeit (19.Jahrhundert) führten die guten Erfahrungen französischer und deutscher Chirurgen im militärischen Bereich mit der Kältebehandlung dazu, dass diese auch verstärkt Einzug in den zivilen Medizinbereich erhielt. In Deutschland ist in diesem Zusammenhang der Kieler Chirurg Friedrich von Esmarch (1823 – 1908) zu nennen, der großen Anteil an dieser Entwicklung hatte. Er machte sich besonders verdient um die Behandlung rheumatischer Erkrankungen sowie Entzündungen, bei denen er trockene Kälte über längere Zeiträume anwendete (vgl. Schröder 1995, S.4).

In der Folgezeit schwand die Bedeutung der Kältetherapie immer weiter, da sie durch die Entwicklung von Lokalanästhetika weitestgehend verdrängt wurde. An dieser Stelle soll noch einmal betont werden, dass die Bedeutung der Kälte zu Regenerationszwecken in dieser Zeit noch sehr gering war. Erst nachdem die Stoffe Äther und Chloroform erfolgreich bei der Vollnarkose eingesetzt wurden, wurden diese auf ihre lokalanästhetischen Fähigkeiten hin untersucht. Im Nachgang entwickelte der Franzose Guerard 1854 einen Kompressor, der durch Verdunstung von Äther einen starken Temperaturabfall verursachen konnte. Durch den daraus resultierenden lokalanästhetischen Effekt war es möglich schmerzfreie Operationen vorzunehmen.

Im folgenden Jahrhundert rückte die Kältetherapie als Maßnahme zur Unterstützung der Regeneration nach Eingriffen immer mehr in den Blickpunkt. So nutzte der US-Amerikaner Allen im Jahre 1942 über mehrere Tage hinweg Eisbeutel, um den Stumpf nach einer Amputation nachhaltig zu kühlen. Auf diese Weise wurden Wundödeme und Schmerzen möglichst gering gehalten.

In den letzten Jahren wurde die Effizienz dieser postoperativen Behandlungsweise wissenschaftlich untersucht. Schaubel beispielsweise untersuchte die Auswirkungen einer 48-stündigen postoperativen Eisbehandlung. Dabei kam er zu dem Ergebnis, dass Temperatur, Puls, Respirationsrate, Leukozytenzahl (weiße Blutkörperchen), Schmerzmittelverbrauch, sowie Komplikationen deutlich reduziert waren. Darüber hinaus waren die Häufigkeit von Hämarthros (Blut im Gelenk) und Hämatomen (siehe Abschnitt 2) geringer (vgl. Schröder 1995, S. 4).

4. Grundlagen der physikalischen Therapie

An dieser Stelle werden die Grundlagen der physikalischen Therapie am Allgemeinen und der Kryotherapie im Besonderen dargestellt. Diese Grundlagen verdeutlichen die Wirkungsweise der Kryotherapie, da die Kryotherapie sich verschiedener Mechanismen des Körpers bedient und einige Interdependenzen zwischen ihnen bestehen (vgl. Schröder 1995, S. 7ff).

Der menschliche Organismus reguliert die Körpertemperatur weitestgehend unabhängig von der ihn umgebenden Temperatur. Dies geschieht durch die Produktion oder Abgabe eigener Wärme. Ziel ist stets die Einhaltung der Homöostase, also des Gleichgewichts aller Körperfunktionen.

Zu Beginn der Kälteanwendung durch eine Kryotherapiemaßnahme ist ein besonders starker Temperaturabfall der Haut zu beobachten. Im Gegensatz dazu fällt die Muskeltemperatur nur langsam, dafür fällt sie jedoch auch nach Beendigung der Kälteanwendung weiter ab (vgl. Schröder 1995, S.23). Der Grund dafür ist, dass die Wärme im Körper immer in Richtung des Temperaturgradienten geleitet wird. Als Temperaturgradient bezeichnet man einen räumlichen Temperaturunterschied. Die Wärme wird grundsätzlich im Zentrum des Körpers gehalten oder in selbiges von äußeren Körperschichten geleitet, da es wichtiger für das Überleben ist als die Extremitäten (vgl. Schröder 1995, S. 8).

Nach Beendigung der Kühlung erfolgt ein rascher Anstieg der Hauttemperatur, der jedoch mit der Zeit abschwächt. So können Stunden vergehen bis die intramuskuläre und intraartikuläre Ausgangstemperatur wieder erreicht ist (Schröder 1995, S. 24).

Die Thermoregulation und der Energiewechsel sind dabei der Durchblutungs- und Kreislaufregulation hierarchisch übergeordnet. Dies verdeutlicht die zentrale Bedeutung der Thermoregulation und hat zur Konsequenz, dass die Erfordernisse in der Thermoregulation zu lebensbedrohlichen Situationen durch andere vernachlässigte Körpermechanismen führen können. Beispielsweise werden bei einer drohenden Körpererwärmung die Blutgefäße der Haut ausgeweitet, wodurch jedoch der Blutdruck sinkt. Dieser geringe Blutdruck wiederum kann zum Kollaps führen, was jedoch ohne Belange für die Thermoregulation ist (vgl. Schröder 1995, S. 12).

Das menschliche Thermoregulationssystem besteht aus vier untergeordneten Systemen: 1. Dem zentralen Nervensystem als übergeordnetes Regelsystem, 2. Den Rezeptoren (dem Messsystem), 3. Dem passiven System (Reizleitsystem) und 4. Den Effektoren (Stellglieder). Der Kältereiz wird durch sogenannte Thermorezeptoren in der Haut aufgenommen. Diese Rezeptoren, oder auch Temperaturfühler, befinden sich an verschiedensten Stellen des Körpers und leiten die Informationen über das passive System an das Gehirn weiter. Wie obenstehend beschrieben, greift die Kryotherapie dramatisch in das System der Thermoregulation ein (vgl. Schröder 1995, S.13 f). Aus diesem und ähnlich gearteten Gründen ist es unerlässlich die Reaktionen des Körpers auf von außen gesetzte Reize zu kennen. Grundsätzlich gilt, dass schwache bis mittelstarke Reize anregen, starke Reize hemmen und stärkste Reize töten bzw. lähmen (Arndt-Schulzsche-Regel). Dies verdeutlicht, dass neben der Wahl des adäquaten Therapieverfahrens auch die jeweilige Reizstärke von signifikanter Bedeutung ist. Die Thermorezeptoren reagieren auf Temperaturveränderung pro Zeit. Dies erklärt, wieso es einen Unterschied macht, ob man z.B. abrupt in kaltes Wasser eintaucht oder langsam. Das abrupte Eintauchen führt zu einer weitaus stärkeren Erregung der Kälterezeptoren und somit zu einer stärkeren Kälteabwehrreaktion (vgl. Schröder 1995, S. 27).

Neben dem Temperaturabfall führt der Kältereiz zu weiteren Reaktionen des Körpers: Die Durchblutung innerhalb des Körpers geht auf 60 – 80% des Ausgangswertes zurück. Diese Reaktion verlangsamt die Auskühlung des Körpers. Im Gegenzug ist jedoch auch die Wiedererwärmung der Körperdurchblutung zunächst verlangsamt. Ca. 20-30 Minuten nach Beendigung der der Kühlung bleibt die Durchblutung auf dem niedrigen Niveau.
Alkohol hat einen negativen Einfluss auf den Erfolg der Kryotherapie. Er verursacht eine Erweiterung der Blutgefäße, wodurch die Durchblutung angeregt wird und somit die positiven Effekte der Kältebehandlung teilweise wieder aufgehoben werden (vgl. Schröder 1995, S. 27). Darüber hinaus ergeben sich Auswirkungen auf den Stoffwechsel. Bei einer Reduktion der Körpertemperatur um 10 °C verlangsamt sich die Stoffwechseltätigkeit um 50%. Dadurch verringert sich der Sauerstoffbedarf. Der Zustand der Hypothermie bewirkt somit eine Reduktion des Hypoxieschadens (vgl. Abschnitt 2.3). Die sogenannte Ischämie (Unterversorgung mit Sauerstoff) wird annähernd relativiert durch die Reduzierung des

Sauerstoffbedarfs (vgl. Schröder 1995, S. 29). Zudem wird auf diese Weise der Ödembildung entgegengewirkt, da die lokale Entzündungsreaktion gehemmt wird und die Konzentration freier Zellbestandteile geringer ist. Dies beeinflusst den Heilungsprozess positiv. Es besteht jedoch die Gefahr eines sogenannten Reboundeffekts. Als solcher wird eine erneute Schwellungszunahme nach Beendigung der Kühlung bezeichnet (vgl. Schröder 1995, S. 30).

Zu den dargestellten Effekten treten neurologische Auswirkungen: Zum Einen wird die Ausschüttung körpereigener schmerzerzeugender Stoffe, wie Histamin, Serotonin und Prostaglandin reduziert. Zudem wird die Nervenleitgeschwindigkeit herabgesetzt. Damit einher geht die Verlängerung der Refraktärperiode. Dies ist jene Zeit, in der eine Nervenzelle nicht auf einen neuen Reiz reagiert. Dies hat eine verringerte Reflexantwort des Muskels zur Folge.

5. Techniken und Anwendungsgebiete der Kältetherapie

Grundsätzlich sind zwei Arten von Kälteträgern zu unterscheiden: Natürliche Kälteträger und industriell gefertigte Kälteträger. Erstere überzeugen weniger durch spektakuläre Verfahrensweisen oder Techniken als durch schnell verfügbare und einfach anzuwendende Methoden, die dennoch große Wirkungen erzielen. Letztgenannte verdeutlichen den Fortschritt auf dem Gebiet der Kältetherapie. Die Fähigkeit der industriell gefertigten Kälteträger ermöglicht dabei vorher nicht gekannte Effekte und so übersteigen sie in ihrem Nutzen die natürlichen Kälteträger in der Regel deutlich. Größter Nachteil sind zumeist hohe Anschaffungs- und Unterhaltskosten.

5.1   Natürliche Kälteträger

Eiswürfelpackungen (Natureis):

Eiswürfelpackungen setzen sich zusammen aus Wasser und gefrorenem Eis in Form von Eiswürfeln. Dieses Gemisch wird wasserdicht in Plastiktüten verschlossen, welche mitsamt einem Zwischentuch auf die Haut des Patienten gelegt werden, wobei die Anwendungstemperatur ca. 0 °C beträgt. Der Vorteil dieser Anwendung gegenüber anderen Kälteträgern ist, dass sie dank heutiger Kühltechnik leicht verfügbar ist. Eisbeutel sind eine natürliche Behandlungsmethode ohne technischen Aufwand. Darüber hinaus ist die Anwendung laienfreundlich, da selbst bei unsachgemäßer Anwendung die Gefahr für den Menschen (z.B. Hautschäden) gering ist. Wie bei allen natürlichen Kälteträgern sind die Kosten niedrig. Ein weiterer Vorteil besteht darin, dass sich das Schmelzwasser jeder Körperregion anschmiegt und so eine optimale Kühlwirkung erreicht wird. Einziger wesentlicher Nachteil ist eine mögliche Durchnässung des Patienten (vgl. Schröder 1995, S. 35f).

Lehmpackungen (Heilerden):

Die Heilerde der Lehmpackungen setzt sich in der Regel zusammen aus den Mineralien Quarz, Feldspat, Kalkspat, Dolomit, Glimmer und Montmorillonit. Diese Anwendungsmasse wird kalt aufgelegt, z.B. in Form von Kompressen. Die Heilerde wird zuvor mit kaltem Wasser oder Essigwasser angerührt (da dieses den Kaltreiz verstärkt). Vorteil der Lehmpackung ist, dass sie eine absolut natürliche Anwendungsmethode ist. Anwendung findet diese Methode vor allem bei Hämatomen, Distorsionen (Verstauchungen), Kontusionen (Prellungen), Allergien und Verbrennungen. Bei den Lehmpackungen ist jedoch Vorsicht geboten, da eine hohe Anforderung an die Sterilität geboten ist. Daher kommt nur frisch aufbereitete Heilerde zur Anwendung.

Natürliche Kälteträger kommen vor allem bei Muskelverspannungen, Muskelathropien (nach längerer Ruhigstellung), Muskelrheumatismus und Muskelverhärtungen zum Einsatz, sowie bei Problemen an den Sehnenansätzen. Ein weiteres Anwendungsgebiet sind Haltungsanomalien im Allgemeinen und der Bereich des Schulter- und Hüftgelenks, sowie die Wirbelsäule im Besonderen. Zuletzt seien an dieser Stelle noch Verbrennungen, Insektenstiche und Entzündungen genannt. Neben den beiden exemplarisch vorgestellten Kälteträgern gibt es noch das Eishandtuch, das Eiswasser, Kaltwasser und Eisstäbchen.

5.2   Industriell gefertigte Kälteträger

Kaltgastherapie:

Bei der Kaltgastherapie wird flüssiger Stickstoff mit atmosphärischer Luft gemischt. Dieses Gemisch wird auf bis zu -100°C herunter gekühlt und auf entzündete Gelenke aufgetragen. Da solche niedrigen Temperaturen vom Körper nur kurzzeitig toleriert werden, kommt nur eine dynamische Applikation in Frage. Vorteil der Kaltgastherapie ist, dass die extreme Kälte vergleichsweise gut toleriert wird. Dieser scheinbare Widerspruch ist leicht erklärt: Die Reaktionsbreite der Kälterezeptoren reicht nicht aus um diese extremen Temperaturen von bis zu -100°C zu erfassen. So ist die Wahrnehmung für den Körper in diesem Fall keine andere, als wenn die Temperatur -20°C betragen würde. Durch die Verwendung von Gas ist es erst möglich diese tiefen Temperaturen zu nutzen. Zwei wesentliche Nachteile bringt die Kaltgastherapie jedoch mit sich: Sie ist vergleichsweise teuer und es besteht die Möglichkeit von Hautverletzungen. In seltenen Fällen gehen mit dieser Therapie auch Herz- und Kreislaufprobleme einher.

Kältekammertherapie:

Bei dieser Therapieform wird ganzheitlich auf den Körper eingewirkt. Dabei kommt heruntergekühltes Kaltgas zur Anwendung. Die Kältekammer besteht aus zwei getrennten Räumen: Der Vorkammer und der eigentlichen Behandlungskammer. In der Vorkammer herrschen Temperaturen von zwischen – 20°C und – 50°C. In der Behandlungskammer werden bis zu – 110°C gemessen. Um diese niedrigen Temperaturen zu erreichen, wird der flüssige Stickstoff zuvor auf – 110°C bis – 160°C heruntergekühlt. Wichtig bei dieser Anwendung ist, dass die Akren (äußere Extremitäten wie Ohren und Hände) besonders geschützt werden durch Ohrschützer und Handschuhe etc. Während der gesamten Anwendungszeit wird der Patient durch einen Therapeuten und einen Arzt überwacht, die die Möglichkeit haben eine Sprechverbindung mit dem Patienten zu unterhalten. Die Aufenthaltsdauer in der Kältekammer beträgt aufgrund der besonders niedrigen Temperaturen lediglich 0,5 – 3 Minuten (vgl. Schröder 1995, S. 46).

Die Vorteile der Kältekammer liegen darin, dass trotz extremer Kälte keinerlei Veränderung der Herz- und Kreislauffunktion erfolgt. Dies ist mit der Toleranz bezüglich dieser extremen Kälte zu erklären (siehe Kaltgastherapie). Einzig nennenswerter Nachteil zu anderen Anwendungsmethoden sind lediglich die besonders hohen Anschaffungskosten (vgl. Schröder 1995, S. 47). Mögliche Nebenwirkungen sind maculopapulöse Erytheme (entzündungsbedingte Hautrötung), die vor allem an den unteren, seltener an den oberen Extremitäten auftreten (vgl. Schröder 1995, S. 48).

Neben den hier näher beschriebenen industriell gefertigten Kälteträgern, gibt es noch folgende weitere: Kryogelpackungen (Eispacks), Einmaleispackungen, Kaltlufttherapie, Kältesprays, sowie Kühlsysteme (bestehend aus Kühlmanschette, einem isolierten Kühlbehälter und einem Schlauchsystem). Anders als die natürlichen Kälteträger, werden einige der industriell gefertigten Kälteträger wie die Kältekammer ganzheitlich angewendet. Mithilfe dieser Anwendungen werden Erkrankungen wie Polyarthritis, weichteilrheumatische Erkrankungen, Kollagenosen (Immunerkrankungen, vor allem am Bindegewebe und Blutgefäßen) und Autoimmunerkrankungen behandelt, die nicht lokal in Erscheinung treten und somit einer globalen Behandlung bedürfen (vgl. Schröder 1995, S. 46ff).

6. Prä- und postoperative Kryotherapie, Kryochirurgie:

Im Folgenden werden die prä- und postoperative Kryotherapie, sowie die Kryochirurgie vorgestellt.

6.1 Präoperative Kryotherapie:

Unter präoperativer Kryotherapie versteht man die Anwendung von Kälte zu medizinischen Zwecken vor bzw. bei einer Operation. In den Anfängen der Medizin war die präoperative Kryotherapie weiter verbreitet als die postoperative. In der Zeit stand der anästhesierende Effekt des Eises im Vordergrund, weshalb man versuchte möglichst niedrige Temperaturen zu erreichen. Die Anwendung der Kryotherapie nach Operationen wurde erst später entdeckt und genutzt. Wie die postoperative Kryotherapie auch, reduziert die postoperative Kryotherapie einen späteren Hypoxieschaden (siehe Abschnitt 2). Viel wichtiger jedoch ist die Funktion als Betäubungsmittel zur Ruhigstellung und Ausblendung von Schmerzen.

Exemplarisch soll an dieser Stelle der Einsatz präoperativer Kryotherapie bei einer Operation an der Hand genannt werden. Durchgeführt wurde eine 45-minütige Kältebehandlung vor der Operation. Die 2,5-stündige Operation fand in Blutleere statt. In der Folge wurde ein Temperaturabfall des intramuskulären Gewebes von 32,9°C auf 20,1°C beobachtet. Unmittelbar nach Öffnen der Blutsperre stieg die Temperatur auf 25,5°C an.

Der Einsatz der Kryotherapie vor Operationen wie dieser, trägt wesentlich dazu bei, dass der Gewebeschaden gering gehalten wird und eine spätere Regeneration des Patienten möglichst kurz gehalten wird, auch wenn dieser Aspekt nicht der Grund der Einführung in den Anfängen der Medizin war (vgl. Schröder 1995, S. 90).

6.2 Postoperative Kryotherapie

Die postoperative Kryotherapie findet in heutiger Zeit zunehmend klinische Anwendung. Besonders häufig wird sich der kontrollierten Hypothermie bei Herzoperationen bedient. Dieses Prozedere ist aus dem heutigen medizinischen Alltag nicht mehr wegzudenken. Ebenso simpel wie nutzbringend ist der Einsatz beim Transport von

Transplantationsorganen, welcher ebenfalls zur postoperativen Kryotherapie gezählt wird (vgl. Schröder 1995, S. 78).

Anhand einer Studie zur Untersuchung der Wirksamkeit der postoperativen Kryotherapie bei Knieoperationen ist deren Wirksamkeit zu erkennen. Untersucht wurden 44 Patienten nach einer Operation am vorderen Kreuzband. Verglichen wurden die postoperative Schwellung des Kniegelenks, die Bewegungsfähigkeit, das subjektive Schmerzempfinden und der Schmerzmittelverbrauch von Patienten die sich einer postoperativen Kryotherapie unterzogen haben und solchen bei denen diese nicht angewendet wurde (lediglich ein Eisbeutel zur gelegentlichen Kühlung)(vgl. Schröder 1995, S. 79). Die Untersuchungsgruppe wies einen signifikant geringeren Umfang des Kniegelenks auf. Zudem war der Bewegungsumfang des Knies um 17° größer und die Schmerzmitteldosis war bedeutend geringer als bei der Kontrollgruppe (vgl. Schröder 1995, S. 81).

Die Reduzierung des Schmerzmittels hat einen weiteren positiven Effekt zur Folge: Die üblichen Nebenwirkungen der Schmerzmittel werden reduziert oder treten gar nicht in Erscheinung. Dies beschleunigt die schnelle Mobilisation nach der Operation alleine deswegen, weil medikamentöse Nebenwirkungen in der Regel rehabilitationshemmend wirken (vgl. Schröder 1995, S. 84).

Insgesamt ist hervorzuheben, dass positive Auswirkungen auf das Ausmaß der durch die Operation verursachten Schädigung erreicht werden. Zudem wird regelmäßig eine erhöhte Bewegungsfähigkeit erreicht sowie ein insgesamt besseres Rehabilitationsergebnis. Dadurch wird eine frühzeitige Mobilisation möglich, welche Thrombosen und Embolien vorgebeugt. Desweiteren werden postoperative Hämatome, Ödeme und Hämarthros vermindert. Zudem wird die Nervenleitfähigkeit reduziert, was zu einer Verminderung der wahrgenommenen Schmerzen führt. Im oben dargestellten Beispiel der Knieoperation wurden zwischen 50 und 80% weniger Schmerzmittel benötigt. Besonders gute Ergebnisse werden durch die postoperative Kryotherapie in Kombination mit Kompression und Hochlagerung der jeweiligen Extremitäten erzielt.

6.3 Kryochirurgie

Unter Kryochirurgie versteht man die operative Anwendung extrem tiefer Kälte (vgl. Abschnitt 2). Im Gegensatz zur prä- und postoperativen Kryotherapie ist sie nicht operationsbegleitend, sondern stellt selber den operativen Eingriff dar. Darüber hinaus ist sie im Gegensatz zu einigen Techniken der prä- und postoperativen Kryotherapie stets ein lokales Verfahren. Es bietet mehrere Gefriertechniken zur Zerstörung krankhaften Gewebes. Grundsätzlich gilt es zu unterscheiden zwischen dem geschlossenen Verfahren (Sprühverfahren z.B. durch Kältesonde) und dem offenen Verfahren (Kontaktverfahren), in denen Kühlmittel direkt ins Gewebe gespritzt wird.

Am häufigsten findet die Kryochirurgie Anwendung in der Dermatologie: Bei jeder Veränderung der Haut oder anderen Zellgewebes kommt eine Kryochirurgiemaßnahme in Betracht. Beispielsweise wird die Kryochirurgie zur von Entfernung von Tumoren (gut- und bösartig), Warzen, Narbengewebe und anderen Gewebeerkrankungen angewendet. Die Behandlung eines Nierentumors beispielsweise ist ein relativ häufig vorkommender Eingriff, der mit Kryonadeln erfolgt. Das zu behandelnde Gewebe wird durch Kälte abgetötet. Der verwendete gekühlte Stickstoff hat eine Temperatur von - 196°C. Bei einigen Befunden sind mehrere Behandlungen notwendig, um ein ansprechendes Resultat zu erreichen (vgl. www.chirurgie-portal.de).

Zu den möglichen Nebenwirkungen gehören Blasen, die aufgrund der extremen Kälte auftreten können. Diese sind jedoch nicht nachhaltig und verschwinden nach einigen Tagen bis wenigen Wochen. Schmerzen an der Eingriffsstelle bestehen ebenfalls nur kurzzeitig. Zudem können kryochirurgische Eingriffe in selteneren Fällen Blutungen, Nachblutungen, Blutergüsse oder überschießendes Narbengewebe nach sich ziehen. Bei der Kältetherapie zur Entfernung von Tumoren kommt hinzu, dass nicht mit Gewissheit festgestellt werden kann ob das komplette Gewebe vereist wurde. Daher kann, anders als bei der konventionellen Chirurgie, Tumorgewebe auch nach der Operation noch vorhanden sein (vgl. www.chirurgie-portal.de).

Der große Vorteil der Kryochirurgie im Vergleich zur herkömmlichen Chirurgie ist, dass sie eine besonders narbenarme Behandlungsmöglichkeit darstellt (vgl. www.airliquide.de).

7.   Zusammenfassung

Schon seit frühester Zeit wird die Kältebehandlung bei Verletzungen, Operationen und zu Regenerationszwecken angewendet. Bereits aus der Zeit Hippocrates (4. – 5. Jhd. V. Chr.) sind Praktiken der Kältetherapie bekannt. Über die Jahre hinweg, wurden immer neue Aspekte und Methoden der Kältetherapie entdeckt und entwickelt. Zahlreiche Erkrankungen, Schmerzen und Schwellungen wurden so schon früh mit zum Teil einfachsten Mitteln behandelt. Daher ist die Kältetherapie nicht als grundlegend neue Behandlungsmethode zu sehen. Dennoch wurde sie ständig weiterentwickelt und durch den technischen Fortschritt durch leistungsfähige Geräte erweitert. Durch diese Entwicklung hat sich die Kryochirurgie hervorgetan. Im großen Stil fand die Kältetherapie im 19.Jahrhundert ihren Weg aus dem militärischen in den zivilen Bereich, nachdem gute Erfahrungen beispielsweise bei Beinamputationen gemacht wurden.

Kälte hat einen großen Einfluss auf den menschlichen Körper. Neben den beabsichtigten Effekten, gibt es viele lebensbedrohliche, wenn die Kältetherapie fehlerhaft angewendet wird. Der menschliche Organismus ist grundsätzlich bestrebt einen Zustand der Homöostase (Gleichgewicht) aufrecht zu halten. Für die Regulierung der Körpertemperatur ist das Thermoregulationssystem verantwortlich. Dieses regelt die Temperatur weitestgehend unabhängig von der Außentemperatur. Es ist anderen Regulationssystemen hierarchisch übergeordnet, sodass die Körpertemperatur höchste Priorität hat. Zur Wahrnehmung von Kälte stehen dem menschlichen Körper sogenannte Thermorezeptoren, die die Reize an das Gehirn weiterleiten, zur Verfügung. Bei Einwirkung von Kälte verändern sich die Durchblutung, der Stoffwechsel und neurologische Prozesse.

Zu unterscheiden gilt es zwei verschiedene Kälteträger, die in der Kryotherapie verwendet werden. Einerseits die natürlichen Kälteträger, die schon lange Zeit in Gebrauch sind und sich durch eine einfache Handhabung auszeichnen. Dazu gehören beispielsweise Eiswürfelpackungen, Eisstäbchen oder Lehmpackungen. Behandelt werden hiermit vor allem Muskelverspannungen, Muskelathropien, Muskelrheumatismus und Muskelverhärtungen. anderen gibt es industriell gefertigte Kälteträger, die vor allem Ergebnis des technischen Fortschritts der letzten Jahrzehnte sind. Beispiele hierfür sind Kältesprays, die

Kaltgastherapie oder die Kältekammertherapie mit flüssigem Stickstoff. Behandelt werden sowohl lokale als auch ganzheitliche Erkrankungen (Immun- und rheumatische Erkrankungen).

Die Kältetherapie kann dreigeteilt betrachtet werden: prä- und postoperative Kryotherapie, sowie Kryochirurgie. Die präoperative Kryochirurgie blickt dabei auf die längste Historie zurück. Bei frischen Verletzungen oder vor Eingriffen war der anästhesierende Effekt der Kälte am wichtigsten. Erst später gewann die postoperative Kryotherapie mit ihren regenerativen Effekten an Bedeutung. Die Kryochirurgie wird ihrerseits untergliedert in geschlossene (Sprühverfahren) und offene Verfahren (Kontaktverfahren). Bei ersterem wird das Gewebe von außen besprüht, bei letzterem wird in das Gewebe eingedrungen und die Flüssigkeit verbreitet.

Abschließend bleibt zu sagen, dass die Kältetherapie eine sinnvolle und nutzbringende Ergänzung der „medizinischen Landschaft" war und ist. So wurden schon in frühester Zeit dank der Kälteanwendung Schmerzen gelindert, die Regeneration beschleunigt oder Operationen möglich gemacht. Darüber hinaus hat es vermag es die Kältetherapie moderne medizinische Errungenschaften obsolet zu machen: Durch die Kryotherapie sind viele Schmerzmittel nicht mehr notwendig. So führt die Kryotherapie in der Regel dazu, dass eine frühzeitige Bewegung und Belastung nach einer Operation möglich ist. Dies ist deshalb vorteilhaft, da eine normale Vollbelastung Voraussetzung ist für die Wiedergewinnung der alten Belastungs- und Bewegungsfähigkeit. Dies ist ein wesentlicher Vorteil zu konventionellen Verfahren.

Es ist zu erwarten, dass auf dem Gebiet der Kältetherapie, vor allem in der Kryochirurgie, in den folgenden Jahren weitere Fortschritte gemacht werden und eine noch weitere Verbreitung eintreten wird.

Literaturverzeichnis

Schröder, Dieter; Anderson, Michael. Kryo- und Thermo-Therapie. Grundlagen und praktische Anwendung. Stuttgart 1995. Gustav Fischer.

Zwahr, Annette (Hrsg.). Brockhaus. Universallexikon. Leipzig 2003. F.A. Brockhaus GmbH.

Internetquellen:

http://www.airliquide.de/loesungen/business/medizin/anwendungen/kryotherapie.html
    Zugriff am 17.09.2008 um 16:15

http://www.medhelp.at/content/view/392/289/
    Zugriff am 03.09.2008 um 17:30

http://flexikon.doccheck.com/Kryotherapie
    Zugriff am 04.09.2008 um 16:39

http://www.aundio.de/Referate/tempreg.pdf
    Zugriff am 06.09.2008 um 11:29

http://www.chirurgie-portal.de/haut-dermatologie/kaeltebehandlung-kryochirurgie.html
    Zugriff am 10.09.2008 um 10:13